DIY

袖珍木工屋

陈正樑　著

河南科学技术出版社
·郑州·

目录

CONTENTS

PART 4

PART 5

PART 6

PART 7

Editor's Note 前言

想制作一间袖珍娃娃屋，对一位新手来说，心中总是充满无限的想象和创意，但却不知道从何下手。对于从事多年创作的我来说，最难的反而是创意和想象。因为一开始的初衷就是不希望把作品变得太商业化，因此每件作品都是上一件作品的突破。一旦累积一阵子的作品出现了较多相似之处，我就会让自己停下来，等有灵感时再继续做下去。

在编写本书的时候，我一直思索要用什么方式去告知别人自己制作娃娃屋的经验。如果我用固定模式的套件，来教大家这个场景怎么做、那个空间怎么区隔……那么读者就只能跟着模仿制作一个相似的东西；如果没有套件或尺寸，可能又要回到不知从何开始的原点。所以我先累积许多不同的作品，告诉大家如何从最基本的地板和墙面，去变化成不同的空间，并通过基本工法的学习运用，一步一步打造该有的场景，最后完成自己梦想的娃娃屋。

希望自己的一点经验能给新手们一些激励，就是“放手去做”吧！其实做娃娃屋最大的乐趣不在作品的美丑，而是创作过程的快乐，希望您也可以得到这份无价的乐趣。

陈正樑

PART 1

Special Doll House

从身边随手可得的素材下手

在现实的生活中，房子有多大，
实际能运用的空间就有多大；
袖珍娃娃屋虽能提供我们许多
现实生活中达不到的想象空间，
但也要考量作品体积的大小
是否符合比例，
因此建议新手们
先从地板面积开始规划。

如果您已经准备好要做一间袖珍娃娃屋，那就先从身边随手可得的素材开始吧！可能是一块木板，就能做成一个摆放的平台。如果有两块木板，就可以有一面墙壁。如果您有更多的木板，空间的变化就更多彩多姿了！通常在制作的过程中，我会先用一块板子来决定希望制作的作品大小，也就是先从地板的面积开始规划。如果您找到的素材不是木板，而是一个箱子或鸟笼（图1）……也可以做成不同的场景和变化。

在创作的过程中，我们大多会先有一个想象的蓝图。例如我想做一个客厅的场景，于是脑海中就会浮现出许多不同的客厅景象，恨不得全部纳入作品中，想得越多，就越不知道如何着手去做。在现实生活中，房子有多大，实际能运用的空间就有多大；袖珍娃娃屋虽能给我们提供许多现实生活中达不到的想象空间，但也要考量作品体积的大小是否符合比例，因此建议新手们先从地板面积开始规划。在一定面积的地板范围内，哪里要放置沙发、柜子、摆饰等，人在这个空间内的活动如何……这些都要一一考虑进去。

规划娃娃屋之前，
尽可能先想好家具的摆放位置。

即使空间再小，只要规划得当，
也能创造无限的想象空间。

图2

如果是一块地板、一片墙面，就容易变化（图2）；如果有更多的木板，就可以在空间上做区隔（图3-1，图3-2），但要注意采光的问题。袖珍娃娃屋的成品主要是用来观赏的，自然要考虑到观赏者的视线问题。若设计太多的墙面会妨碍观赏角度，这时可以用开窗或是镂空的方式来解决，同时也能弥补采光不足的遗憾（图4-1，图4-2，图4-3）。

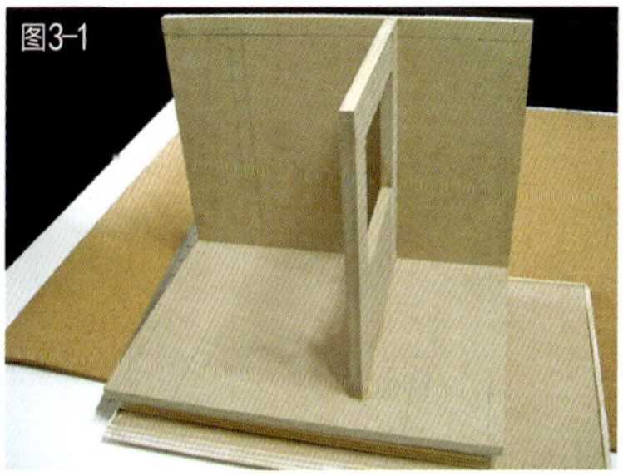

图3-1

图3-2

图4-1 多利用落地窗，可解决采光的问题。

图4-2 镂空的屋顶或天窗，不但采光佳，也增添屋顶的变化。

图4-3 开天窗和挑高的设计，让屋子别有一番风貌。

图5-1

当我们决定好地板的面积大小之后，利用这个面积又立起了墙面。于是平面变成了立体空间。这时您会发现空间并不如我们想象中的那么大，尤其是多了几块隔间的木板，空间就会变得更小，顿时满腔的热情像是被泼了一盆冷水，挫折感油然而生。所以，当您面临空间运用的瓶颈时，不妨运用想象去增加空间，例如顶楼加盖（图5-1，图5-2），或是墙面加高创造一个夹层（图6）……有时外加一个庭院花台，也能创造出新的视野（图7）。

图5-2 空间不够用时，可往上加盖。

不过，采用这样的方式来创作娃娃屋，先决条件是必须使用较牢固的木板，所以我们用密度板（详见P.69“PART6工具与材料”），而不用巴沙木、纸板或珍珠板。因为密度板可以一再修补而不致影响其强度，尤其是堆积加高时，它没有崩塌的危险，更可以每隔一段时间重新组装。当然最重要的是，完成的建筑物可以变更位置及动手把玩，而不是放在架上纯观赏用的。

图7 外加一个庭园花台，
也能创造出新的视野。

图6 墙面加高，创造一个夹层。

PART 2

创作实例

中式建筑依不同朝代各有特色，
尤其是梁柱的变化更是鬼斧神工。
但在小小的空间里，
要展现那种建筑的特色确有困难。
本作品舍弃屋顶结构，
强调书房的一角，
与户外的庭园枯木相映成趣。

陋室铭——我的心情小筑

作品尺寸 / 39厘米（面宽）×25厘米（深）×26厘米（高）

右侧

左侧

背面

俯视

在占满电脑的书桌上，
开出一块远古的空间，
在网络铺天盖地的包围中，
保留一段亘古的回忆！

盖娃娃屋时要用心去思索制作的步骤，有关制作的顺序并非制式化的模式，但是要时时考虑若完成这一个结构，会不会影响下一个结构的施工。例如地板先上色，后贴壁纸，才不会弄脏壁纸；天花板先贴壁纸或上色，才能将屋顶固定……诸如此类的问题必须在制作时用心考量，否则事后做补救，势必花费更多的力气和时间。

娃娃屋从欧洲传承而来，市面上所见的作品几乎都是欧式的建筑风格。因此，我选择较少见的中式风格来作示范。中式建筑依不同朝代各有特色，特别是梁柱的变化更是鬼斧神工，但在小小的空间里要展现那种建筑的特色确有困难。本作品舍弃屋顶结构，强调书房的一角，与户外的庭园枯木相映成趣（图1）。运用简单的素材，强调简朴、自然，最重要的是要让初学者了解，如何运用简单的素材和无穷的想象，自由变化空间，让小空间也可以展现不同的意境。在中式建筑里运用这种“留白”的方式（类似中国京剧的舞台空间），可以制作出令自己得意的作品（图2）。现在就一步步跟着我来体验吧！

图1

图2

DOLL HOUS MINIA

STEP 1

先裁好两块9毫米厚的木板，大小自己决定，最好要考虑到布置时家具的大小。一块做地板，另一块做背景墙面（高度约22厘米），并加以黏合（图3）。木板的黏合剂以木工用白胶最为适合，并用钻洞、插竹筷的方式加以补强（图4-1，图4-2，图4-3，图4-4，图4-5），黏合时要注意两块木板必须呈90度，可用三角板量取角度。

图3　先以白胶黏合固定。

图4-1　在接合处利用电钻钻洞。

图4-2　插入木条固定。

图4-3　剪下多余的木条。

图4-4　将木条轻轻敲入木板中。

图4-5
凸出的木条用砂纸磨平。

STEP 2

根据地板面积取相同大小的4.5毫米厚的木板来制作木质地板。最简单的做法是，直接用锯子在板子上锯出一条条深约0.1厘米的线条，间距大约1厘米宽（图5-1，图5-2），不能用锯齿太粗或钢板太厚的锯子，可用锯铁的锯条来制作专用的工具（见P.69“PART 6 工具与材料”）。木质地板的上色方式，是利用咖啡色的压克力颜料，先顺着地板的条纹平涂（图6-1），颜色不必均匀，正好模拟出木纹深浅不一的感觉（图6-2），但要注意，因为木板的条纹是用锯子割出来的凹纹，所以涂颜料时要特别注意凹陷处的着色，一定要深入涂进凹纹内，通常凹纹颜色也会较深。颜料干了之后，把地板和主体黏合（图7）。

图5-1

图5-2

图6-1

图6-2 地板颜色深浅，可随个人喜好调配。

图7

STEP 3

选用9毫米厚的木板做隔间，大小依个人喜好。一块做外墙用，可设计开窗或花台，并靠最外围黏合，以区隔户内及户外，并有补充结构强度的作用。另一块取做屋内隔间，留出玄关，让人有无限想象的空间（图8）。

图8

MINIATURE

STEP 4

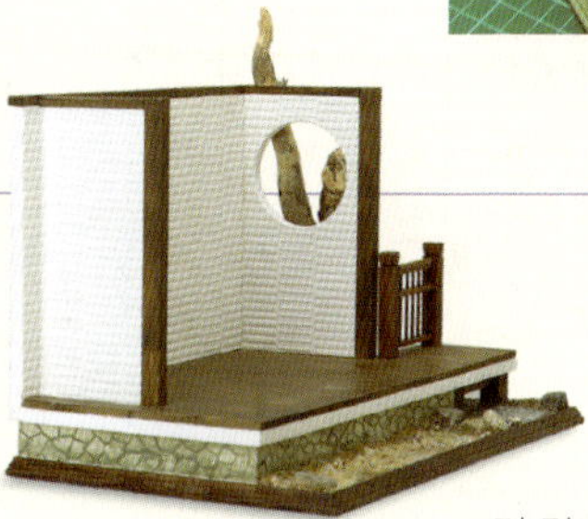

当主体完成后，主体的墙面就要先进行美化的工作。墙分为外墙（属于建筑物的外面）及内墙两部分。内墙用壁纸粘贴，外墙以补土披覆，以便营造出中式建筑粉墙的情境。选用壁纸或披土处理墙面并无一定的规范，有些浮雕壁纸也极适用于外墙，壁纸粘贴要注意平整的问题，尤其是墙面与墙面间的接合处，要避免有缝隙产生（图9），壁纸裁切时不必预留太多剩料，因壁纸粘贴时遇水会稍微伸长。多出的剩料要在壁纸完全干燥后才可切除，否则会造成破损（较详细的贴壁纸技法，见P.24“PART 3 必备的基本工法”）。

外墙用补土披覆，补土可用刮刀平铺在外墙上，厚度均匀，初学者较不易控制厚度，1～2毫米即可（图10）。补土完成后，要等到完全干透之后，才能在上面做整平（用砂纸磨平）及上色的工作（图11），通常需要12小时以上。

图9

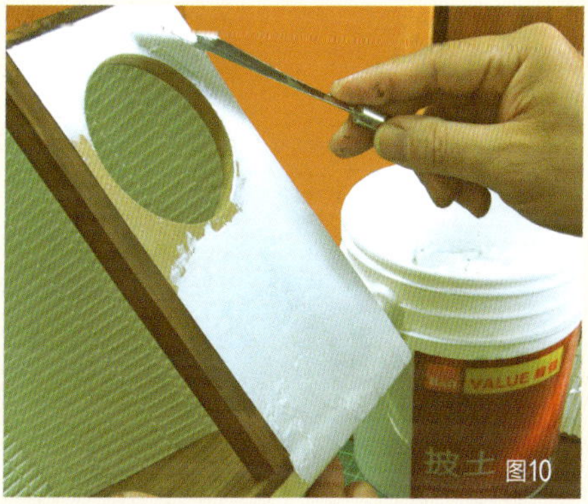

图10

图11

STEP 5

主体完成后，为凸显室内外的感觉，可把主体托高，在地板下面用木条做一木框，把主体垫高（图12）。木框外围利用补土做成石砖的样式，方法是在补土铺上之后（图13）约30分钟，待表面略干而内部未干之际，用刮刀画出石砖造型（图14）。最后，再裁一块大于地板面积的木板，作为屋外的庭园平板，在平板四周用木板饰条修饰，做成展示台的样式（图15）。

图12

图13

图14

图15

STEP 6

因为室内的主体已经托高，而室外的庭园较低，由室外要进入室内，可搭一座浮桥做造景。中式建筑强调园林山水之美，因庭园平板的面积不大，无法做大片园林的展示，因此用浮桥和水塘来表现水景刚好。此时要注意的是，浮桥的基座可以先固定，但桥面要等底下的水塘完成后才能黏合（图16-1，图16-2）。

图16-1

图16-2

STEP 7

在中式庭园中，“树”是不可或缺的主角，我们可以利用平日到郊外踏青时寻找枯木。枯木最好是经过风吹日晒的，直径不能太大，想象一个15厘米的人形，要用什么样的比例。造型因每人喜好不同，一般是枯枝多、树结多的最好。取适当比例，通常是要高于房子的主体（图17），分枝太多可以剪掉，用热熔胶黏合在平板上，底部的间隙可以用干丝瓜瓤做草景，也是用热熔胶加以固定（图18，图19，图20），最后再用补土加强修饰（图21）。

图17

图18

图19

图20　利用干丝瓜瓤做成草景。

图21　加上一些补土，有加强固定和修饰作用。

HOW TO DO

STEP 8

水塘的制作：先在木板上涂上补土，厚度可以深浅不一，做成水塘中的止水，或是有高低层次的流水（图22），但要注意水边的陆地要高于流水。可以先用废木块垫高，再用补土披覆在上面。等整个平板的高低差确定之后，用几块碎石头做衬托（图23）。石头与木头无法用白胶黏合，需用热熔胶固定，缝隙也是用干丝瓜瓤来填补（图24），密度随个人喜好。固定后再于干丝瓜瓤上点缀一些补土，形成小颗粒状，类似小花的效果（图25）。

图22

HOW TO DO

图23

图24

DOLL HOUSE & MINIATURE

图25

STEP 9

图26

图27

图28

图29

水塘的底部结构完成后，接着制作流水。浅的水塘，可使用浅色颜料如土色、草绿色或浅蓝色等（图26，图27）。若要做出深水塘的效果，水池底部则要上深的颜色，如黑色、咖啡色、墨绿色等（图28）。上色完毕后，必须等到颜料全干，才可以进行流水纹的制作，利用热熔胶（注意要选择透明的胶条）薄薄地涂在上面（图29），可重复施作，注意水流的方向及水波的形状（图30-1）。完成后在表面涂上透明漆，可产生反光的效果。而水边石头涂上透明漆，则会有浸润的效果（图30-2）。最后，还可以用水彩笔或牙刷蘸少许补土，顺着水流的方向轻刷几下，做出水波反光的效果（图31）。

图30-1

图30-2

图31

STEP 10

上色是整个场景的关键所在，颜色的选择是非常主观的感觉，可多参考现实生活中的场景实例。颜料有水性和油性两种：水性颜料如水彩、压克力颜料和水性调和漆等；油性颜料如透明漆、木漆和调和漆等。这里示范的是用压克力颜料来上色。

石砖的上色方法则是先用细笔蘸未稀释的颜料，依凹陷的刻痕画出线条（图32），然后用同色系稀释的颜料做大面积的平涂，颜色不必均匀，并可做出一些留白的效果（图33）。颜料干了以后，可用刷子蘸少许补土在表面随意刷动，做出石砖表面被雕刻敲凿的痕迹效果。

地面的颜色是先选用土色的压克力颜料打底，干透之后，轻轻刷上一层白胶（图34），再用一些木屑撒在白胶上（图35-1，图35-2），制作出草地的效果。

图32

图33

图34

HOW TO DO

图35-1

图35-2

图36

图37

木屑不必太厚，上层的木屑没粘到白胶容易脱落，可在上草绿色时，将颜料加一些白胶，上色时要注意笔刷不能以平涂的方式，要以点点的方式着色，否则草地的效果会被破坏（图36）。此外，草的颜色深浅不一，可由深至浅，层层交错覆盖涂布。亦可点缀一些黄或红色，做出小野花的效果（图37）。同样的方式，也可用在树下的情境景观（图38-1，图38-2，图38-3）。

图38-1

图38-2

图38-3

MINIATURE

STEP 11

整体造型完成后，必须考虑修边的工作（图39）。因为没有办法将完整的屋子缩小呈现，只做部分的展现，墙面和屋顶的接合处没有梁柱，所以可用木条做成梁柱来当成收边的工作，隔间用的墙板加上梁柱，也能展现线条的美（图40-1，图40-2），浮桥上架起一小段栏杆，也别有风味（图41）。

图39

图41

图40-1

图40-2

DOLL HOUS
& MINIATUR

STEP 12

图42-1

图42-2

图42-3

艺术品的价值，在于它与人之间有一种心有灵犀的感觉，一个作品在您手中诞生，它有您的巧思，仿佛您自己就游走在其间。凡走过必留痕迹，所以一些“做旧”的处理，无疑是给娃娃屋带来生命。找一块厨房里用久的保洁布（必须是干的），随着您安排的隔间布局走一遍，想象我们走路的习惯，哪里是经常碰触的，哪里就是做旧的重点（图42-1，图42-2，图42-3），栏杆扶手、地板出入口、窗板等处，多少含有摩擦过的痕迹。做旧有一定的原则，适度即可。最后，再上一层薄薄的透明漆保护（图43），整个作品即完成。

图43

图44

本作品的重点在于引导新手，了解制作过程可能面临的问题。作品本身不是套件，可以随个人喜好安排和布局。同一个场景也可以改造成不同国家的风格；至于布置用的家具，除了可用市售现成品之外，也可自己创作。有时我们会因物造景，如果有朝一日搜集到一些珍品，因物造景做一个展示平板来衬托，也是一大乐趣（图44，图45）。

图45

SPECIAL STYLES

Special
Doll House

PART 3

必备的基本工法

娃娃屋的制作无论选择什么样的素材，
制作上的许多观念是可以互通的。
但是如果选用松木、白木
或密度板等较硬实木板为素材，
就必须解决裁切的问题，
这也是初学者想要DIY时所面临的困难。

特力屋家居生活馆等卖场的普及，使得木板的采购变得非常方便；但如何将大块的木板裁切成自己合用的尺寸，就不是利用手动工具可以轻易完成的。希望日后有更多的同好能提供这项裁切服务，也相信有更多的喜好者能因此由观赏者变成创作者。因为读者手上没有太多的电动工具，在此还是尽量利用基本的手动工具来介绍一些常用工法。

图1

底板和墙面的裁切、组合

在大卖场（如特力屋）中可以买到密度板，厚度有4.5毫米和9毫米等（图1）。9毫米的可做地板和墙面，4.5毫米的则可用来做家具和木地板面。底板和墙面的木板属于较大面积的结构，需借助圆锯机等电动工具裁切才能精准（或是在购买木板时，直接请店家代为裁切）。因为是娃娃屋的主体，可以一次裁切多块以备不时之需；建议可裁切成22厘米左右宽的木板，长度则依木板原来的长度不变。裁成22厘米宽的目的是，依袖珍屋的比例缩放，一个楼层的高度大约为22厘米。当然也可以依据自己的喜好缩放，不过要注意您将来要布置的家具是不是可以摆得进去。尤其要考虑到如果楼层太低，视觉上会有压迫感。裁成同一宽度的木板，您就可以在地板上做不同的隔间，只要依实际的需要将木板裁切下来运用即可（图2-1，图2-2，图2-3）。

图2-1

图2-2

图2-3 利用相同高度的木板，组合成各种隔间规划。

地板制作

1. 木质地板

木条状地板，在前面“PART 2 创作实例”中，已示范过直接在木板画线裁切的做法，在此将介绍另一种方式。

另一种木地板的施工做法，则比照家里装潢的拼贴方式：准备一段约1厘米宽的小木条，长度随意（或用市售现成的冰棒棍亦可），依自己喜好的排列形式，一条条拼贴（图3-1，图3-2），注意木条的间隙要保留，不要太紧靠，否则不容易看出木地板的线条（图4）。拼贴完成后，需用砂纸稍微磨平（图5-1）再上色。由于每一片木条的纹路及厚度略有差异，上色后会呈现不同的木纹效果，颇具真实感（图5-2）。

图3-1

图3-2

图4

图5-1

图5-2

2. 地砖地板

做成地砖的形式，多考虑用在户外、厨房、餐厅或浴室等场景，若是采用一块块的拼接方式，制作难度较高，主要是不易排列整齐。因此，建议采用直接在木板上画方格线，再锯出线条的方式。

图6

①取一片较薄的4.5毫米木板，在木板上画方格线并锯出线条（图6，图7）。

图7

图8

②表面打磨光滑并开始上色。可选择一般地砖常用的颜色，先整片全部上色（图8）。

③吹干后，轻轻上一层透明漆，再一次吹干（图9）。

图9

④一般地砖会有明显的间隙线条，此时，可以用刮刀将补土填补在线条缝隙中，呈现明显的方格线条（图10）。

⑤补土会深入到缝隙中，也会溢出残留在地砖表面上，等补土稍微干燥后（约30分钟），再用湿海绵在地砖表面擦拭（由于刚刚已先上过透明漆保护，所以颜料不会被擦掉）（图11）。

⑥将残留在表面的补土擦掉，而填塞在细缝中的补土就成为地砖上的白色方格线条，整齐又美观。最后，可再一次涂上透明漆，呈现地砖抛光的效果（图12）。

HOW TO DO

图10

图11

图12

门窗制作

在决定房间格局的时候，门窗的位置是必须优先考虑的，所以当墙面的板子固定位置时，门窗的大小都要先做好开孔工作，接着便是将门窗装上。

①先根据门框和窗框的大小，用木条做外框的框架。取适当厚度的木条（一般是大于墙的厚度），较能呈现门窗的立体感，将木条依门窗尺寸裁出45度角的斜边（图13）。

②裁好后不要黏合，先试装上去看看是否吻合，确认可以后，再取出黏合，形成一个外框（图14）。

③将此外框再放进门窗开口中，但先不与窗框黏合，待完全干燥为止（图15）。

④取出已干燥塑型的门框和窗框。门的部分，以一块4.5毫米厚的板子，裁切成门内框的尺寸（图14）。

⑤门的形式随个人喜好，利用贴木条可做出原木门的样式，若用适合的壁纸，也可做出不同质感的门（图15）。

图13

图14

图15

图16-1

⑥门上也可开窗或做成整扇的格子门（图16-1）。

⑦门的面板完成后，要与门框组合（图16-2），先确定是左开还是右开，并以钢丝镶入门框和门的方式来固定。用钢丝比用铁丝牢固，铁丝较软易弯曲变形，也可选用小铁钉或铜钉。若使用铁钉还要注意先用手钻钻洞，以免造成门板或门框断裂（图17-1，图17-2）。

⑧门板上下用钢丝固定的一边，可用砂纸磨成半圆形，且安装时约留1厘米的空隙，以利门的开合（图18）。

图16-2

图17-1

图17-2

图18

HOW TO DO
DOOR & WINDOWS ?

各种形式的门（完成范例）

图A

图B

图C

图D

图E

门窗上的格子窗若采用木条直接粘贴上去的话，格子窗不够牢固，容易折断，更别说要做开启的动作了。因此制作上要采用木条交错的固定方式。

图19

图20

①以制作一扇六分隔的窗户为例，先裁切一条与内框等长的木条、两条与内框等宽的木条，量好木条交错的地方并做记号（图19）。

②卡榫各磨出一半深度的槽（图20），由于木条容易折断，要用小锉刀细细地磨，以便控制深浅和宽度（图21）。

图21

③木条组合时务必修整到接缝处平顺为止，再用白胶黏合（图22）。

④将组合好的木条镶进窗框中，若太大可用砂纸磨小，若太小则可用小木块填补。确定吻合后，即可以白胶黏合（图23-1，图23-2）。

⑤根据需要完成不同形式的门窗（图24）。

图22

HOW TO DO

图23-1

图23-2

图24

各种形式的窗子（完成范例）

图 F

图 H

图 I

图 G

DOLL HOUSE & MINIATURE

墙面制作　壁纸粘贴技法

壁纸的选择可依个人喜好，但在材质上要注意耐久和防水性。大卖场有零售的壁纸可供选择，粘贴时先依墙面大小裁出适合的尺寸。

▼各种壁纸和饰条参考

①在墙面涂上白胶，白胶的涂布要均匀，可利用刮刀将白胶刮平。若白胶黏稠有块状物，可喷一些水加以稀释（图25）。

②将壁纸背面用水喷湿，目的是让壁纸软化（图26）。

③粘贴时壁纸一端抬高，从对角边先粘，然后将悬空的一端轻轻放下（图27）。

④在放下的同时，用一块微湿的布，由最先粘贴的地方，顺着后续轻放的壁纸表面按压，将残留在壁纸与墙面间的空气压出，如此，壁纸即可平整地平贴于墙面上。

⑤由于壁纸遇水软化后会稍微延伸，因此尺寸会变大，多余的部分不必急着裁切，必须等壁纸全干变硬之后再裁，再用砂纸打磨即可（图28）。

图25

图26

图27

图28

⑥有些壁纸的花色可以用来做成地毯或日式榻榻米（图29），细绒布也可做出像地毯的质感；但粘贴时要注意布的伸缩性，不要拉太紧，建议先粘在和地板一样大小的纸板上，再粘到地板上。

图29　日式榻榻米

◀墙面完成范例

DOLL HOUSE

屋顶梁柱制作

娃娃屋若盖上屋顶则见不到室内的布置，若不做屋顶又好像只是展示平板，构不成所谓“屋”的感觉。如何在这些因素中找出一个平衡点，梁柱不失为一个最好的选择。

图30

①先将长木条根据屋顶斜面长度裁出若干小段，并将每段木条的两端利用锯板裁成45度角（图30）。

②将木条两两黏合，接合处再用三角形木块补强（图31）。

③做好的三角形骨架，需靠横梁来连接（图32）。

④木条与木条间的接合，要用正统的交错方式处理。首先在木条的接合处先做好记号（图33），将做记号处的部分挖掉二分之一，可用锯子先切出一定的深度，然后用平面雕刻刀切削出二分之一的厚度（图34-1，图34-2），再用锉刀或砂纸磨平（图35），完成并确认嵌合的位置无误（图36）。

图31

图32

图33

图34-1

图34-2

图35

图36

图37

图38

图39

⑤同样的方法，也用在斜面屋梁的横木条上（图37）。

⑥接合时，以横梁串接四个斜面的屋梁（嵌合无误）（图38）。

⑦接合处的间隙可塞木片或用补土填平，黏合时要不断调整各个接合处的误差，以免影响整体的角度。最后要以固定夹或绳子等方式固定待干。

⑧用小三角木块黏结在主体的梁柱上，作为斜屋顶的固定黏结点（图39）。

⑨将斜屋顶与主体的梁柱接合在一起（图40-1，图40-2）。

⑩最后，用小木条做美化及补强（图41-1，图41-2）。

图40-1

图40-2

图41-1

图41-2

屋瓦制作

图42

屋瓦的部分，可用木条一片片粘贴在屋梁上，但要注意须由下而上，一片一片往上粘（图42，图43）。第二片要贴在第一片上面，才能做出层次效果（图44）。

除了上述方式，也可参考其他形式，制作不同的屋顶（如图45~图49）。

图43

图44

图45

图46

图47

图48

图49

Special Doll House

PART 4

小试身手
三款简易布景，马上试试看

水岸景观

在制作娃娃屋时，
若能增加一些实用功能，
可丰富作品的生命力。
本作品把笔筒融入其中，
更能增添实用性！

作品尺寸／ 19厘米（面宽）×21厘米（深）×24厘米（高）

STEP 1

首先在底板上规划想要的格局（图1），并依格局裁切三角形的木板平台（图2）。

图1

图2

STEP 2

由于是水岸景，因此要做出高低落差。用木条做支架，将高低落差先定位（图3，图4）。

图3

图4

STEP 3

图5-1

在主景的高墙中融入笔筒的设计，但需在高墙板中加入一个隔板，才能符合笔的高度（图5-1，图5-2）。

图5-2

STEP 4

将底座支架和高墙做假组合，先不要上胶（图6），待确认无误后，可先将高墙及三角形支架以白胶固定（图7）。

图7

图6

STEP 5

接着制作平台地板，利用冰棒棍或扁木条做成木质地板（参考P.26“PART 3 必备的基本工法——地板制作”）。由于平台是三角形，故建议先上胶粘贴，待胶干固定后，再裁去多余的部分（图8-1，图8-2，图8-3），注意在未上色之前，所有物件仍不要上胶黏合，仅先做假组合即可（图9）。

图8-1

图8-2

图9

图8-3

STEP 6

水岸边的土地是一种不规则状的地表，用木条做成的底座太过平整，所以需用填补的方法来制造不规则效果，填塞物有保利龙、木块、石头或保洁布等。此处利用晒干的丝瓜瓤来示范（图10），先用剪刀将丝瓜瓤裁成小段，并剪成条状，再用热熔胶枪将干丝瓜瓤粘在平台侧面（图11-1，图11-2）。

图10

图11-1

图11-2

STEP 7

将补土披覆在丝瓜瓤的纤维上，做成泥土状（图12）。补土不必填补得太密实，因为丝瓜瓤的内部纤维既粗且疏，补土披覆上去会有许多空隙，仿佛地面上有杂草和泥土，更显得生动自然。

图12

STEP 8

底盘再粘上边条做修饰（图13）。

图13

图14

STEP 9

笔筒的部分做成砖墙的形式，故先以补土披覆在上面（图14），不要太厚，以看不见木板的底色为原则，若太厚日后会有脱落的情况。待补土微干后，用刮刀在表面刻画出砖头的线条（图15-1，图15-2）。最后静置待干，准备上色。

图15-1

图15-2

STEP 10

图16

砖头的上色，先用黑色压克力颜料勾画出线条（图16），再用砖红色以渲染的方式涂在表面上（图17），色调可以自己调整。待颜料干了之后，可以用硬毛笔或牙刷蘸补土，随意地点在砖头上，表现砖头硬实的质感（图18）。

图17

图18

STEP 11

底部的水景先用补土在
部平铺，因为水景要靠
色来表现，用补土打底
同制作出一张图画纸，
易上色（图19）。

图20

图21

STEP 12

接着先将 STEP7 完成的水岸边土地，以土黄色压克力颜料上色（图20），再加一些草绿色点缀，仿佛泥土及杂草景（图21）。

图22-1

图22-2

STEP 13

底部水景则选用蓝绿色颜料上色，中间部分可加一些黑色，以呈现出水塘的深度（图22-1，图22-2）。

图23

图24

STEP 14

将底座上的支架与平台地板上色（图23，图24），并一一以白胶黏合（图25-1，图25-2）。

图25-1

图25-2

STEP 15

用热熔胶枪将石头固定在水岸边（图26-1，图26-2）。

图26-1

图26-2

STEP 16

用热熔胶枪做出水纹效果。在此要注意热熔胶要缓慢地薄涂在水景上，利用熔化的透明胶条凝结在水景上，制造出一层透明的水波纹效果（图27）。待干燥之后，表面涂上一层透明漆，做出反光的感觉（图28），并轻刷一些补土做成水花（图29）。

图27

图28

图29

STEP 17

底座的边条，用油性透明漆加咖啡色的色料调和上色（图30），并一并将作品反面底部涂色。此处用油性漆的作用在于底部的防水保护，尤其作品多放置在桌面，难免有沾水的意外（密度板要特别注意防水的工作）。

图30

完成品 ▸

图31

HOW TO DO

Doll House & Miniature

汤屋

作品尺寸/
16.5厘米（面宽）×17厘米（深）×23厘米（高）

温泉水滑浴宜早，
古往今来只一池。
偷得浮生半日闲，
快乐逍遥似神仙。

STEP 1

在预先决定好的平台上，用锯子刻画出地砖的线条（图32），并上色（图33）。

图32

图33

STEP 2

平台的地面竖立一片背景墙，墙面挖出一个圆洞做造型兼采光，可依个人喜好设计（图34）。

图34

图35

STEP 3

浴池先用木条做隔间，因为面积较大，最好在各个角落处用木块做补强，全部以白胶黏合（图35）。

图36-1

图36-2

STEP 4

参考前面“PART 3 必备的基本工法—— 地板制作”，完成地砖上色等步骤（图36-1，图36-2）。

STEP 5

接着制作墙面。选择一张有砖块纹路的壁纸粘贴，可参考“PART 3 必备的基本工法—— 墙面制作：壁纸”（图37-1，图37-2，图37-3，图37-4，图37-5）。注意镂空的圆窗要等壁纸完全干固后，再用美工刀割除（图38），边缘多余不平整处，用砂纸磨除（图39）。接着再上色美化（图40）。

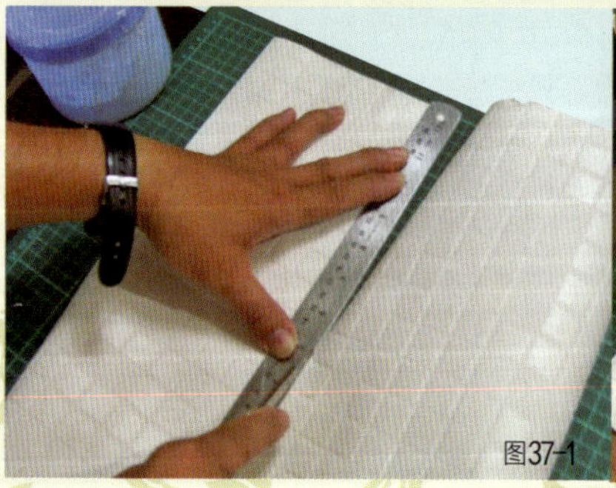
图37-1

图37-2

图37-3

图37-4

图37-5

图38

图39

图40

STEP 6

水池外缘要做出石砌状，可利用丝瓜瓤的纤维剪裁出长条状，以热熔胶枪粘在水池内外表面，并铺设石块做造景（图41）。

STEP 7

将补土披覆在丝瓜瓤的纤维上，做成石块状（图42）。待干后将地砖漆上透明漆（图43），水池外缘也可选用灰色的压克力漆（图48）。

图41

图42

图43

STEP 8

浴池内部撒上碎沙石，平铺在底部（图44）。细沙不易固定，可倒入少许透明漆，利用透明漆的黏度，将细沙固定（图45）。

图44

图45

STEP 9

浴池结构完成后，接着制作水景，水景以透明胶片来制作。取一块透明胶片，越厚越好（可利用废弃的泡沫塑料包装盒），用热熔胶枪来回涂布在胶片上，利用热度将胶片表面熔解成水纹状（图46），并剪下适合浴池表面的大小（图47）。

图46

图47

图48

图49

STEP 10

将剪裁好的水纹胶片，利用热熔胶枪固定在石块上，边缘及空隙部分，也用热熔胶来填缝并固定（图48）。此时要注意的是水纹胶片要保持水平状，若胶片较薄，则先在一边固定后，另一边要拉平再固定。完成后的水景再涂上透明漆，做成反光的效果（图49）。

图50

图51

STEP 11

整体完成之后，有些细部可做补强，例如墙面顶端可加一根木条做收尾（图50），背面可加上一段竹帘（可用卷寿司的竹帘来替代），制造半遮掩效果（图51）。

图52 完成品

水池特写

琴房

作品尺寸／
22厘米（面宽）×21厘米（深）×24.5厘米（高）

想为收藏的小钢琴做一个展示台，
于是制作一间小琴房。先依琴的大小规划琴房面积，
并利用落地窗及阳台的设计，做出四面镂空的景观。

STEP 1

准备好所需的配件（图53）。

图53

STEP 2

参考前面PART 3 必备的基本工法——地板制作，完成地板的上色等步骤，并黏合在底板上（图54）。

图55-1

图54

STEP 3

接着制作墙面，可参考PART 3 必备的基本工法——墙面制作：壁纸。依上胶、粘贴、修整等步骤完成（图55-1，图55-2，图55-3）。

图55-2

图55-3

STEP 4

完成好的墙可先固定（图56），再将阳台安装完成（图57）。

STEP 5

阳台属于户外建筑物，可补土披覆，做成水泥表面（图58）。

图56

图57

图58

图59

STEP 6

屋顶用木条做成梁柱，正面用两根木条做支撑（图59）。

图60

STEP 7

落地窗先做假组合，看尺寸是否正确，安装前先上色，以便施工（图60）。

STEP 8

外墙做成砖墙的形式，先补土披覆，再刻画出砖块的线条（图61）。

STEP 9

正面的花圃，可利用市售现成的线条板来制作（图62-1，图62-2）。

图61

图62-1

图62-2

STEP 10

砖墙的上色方法，请参考P.42。先勾画线条，再渲染涂布，再蘸点补土（图63-1，图63-2，图63-3）。

图63-1

图63-2

图63-3

STEP 11

花圃及落地窗的上色（图64，图65）。

图64

图65

STEP 12

后面的阳台要制作一排栏杆，先量好栏杆的尺寸，裁三根等长的木条备用（图66）。

图66

图67

HOW TO D

STEP 13

将三根木条并排叠好，取好间隔距离，用手钻钻孔，第一根和第二根木条要完全钻透，第三根木条钻一半即可（图67）。

图68

图69

图70

STEP 14

将牙签一一穿入打好洞的木条中，未穿透的底部木条，此时成为栏杆的最上层扶手（图68）。另一根穿洞的木条则成为栏杆的底部（图69）。待间隔距离调整好后，用笔蘸白胶黏合固定（图70）。

STEP 15

底部多余的部分，裁掉之后磨平即可（图71-1，图71-2）。

图71-1

图71-2

STEP 16

栏杆及裁好后的门框木条先做假组合（图72，图73），若尺寸无误，则可上色安装（图74）。

图72

图73

图74

成品前面

成品后面

室内摆置物品可随心情更换。

PART 5

更上一层楼

基本型的延伸

运用一个基本的平台，
借助几个不同的门窗配件
和宽窄不一的隔间木板，
组合成各种不同风格的作品。
再依据个人的创意巧思及基本工法的运用，
完成自己的娃娃屋。

当我们对制作模型屋的基本工法有较多认识后，以下几个作品可提供一些概念：如何运用一个基本的平台，通过几个不同的门窗配件和宽窄不一的隔间木板，组合成各种不同风格的作品。这种方法能帮助新手迈出第一步，很快建构一个空间模型，再依据个人的创意巧思及基本工法的运用，完成自己的娃娃屋。即使尝试中有错也能够修复更改，甚至日后增建扩充，也保留许多的弹性空间。

规划制作基本平台

图2

STEP 1

将预先裁切好的地板、墙面、基底、窗和门板等素材准备好（图1-1，图1-2）。

图1-1

图1-2

STEP 2

将上述素材先行组合排列，直到选定位置后，再做固定（图2）。

STEP 3

接着做天花板的横梁，横梁外框是用木条组合的一个四角框架，与墙面的宽度相等，它具有固定隔间板和门窗板的功能，也兼具美观和结构补强的作用（图3），中间的木条是活动的，在我们决定如何做隔间和确定门窗的位置时，才移动木条，将它装置固定在墙面及门板的上方。要特别注意的是，此外框可先不要与房屋主体黏合，以利房屋的布置施工，待完成后再做黏合（图4，图5）。

图3

图4

图5

Mini Café 梦幻点心屋

作品尺寸／ 54厘米（面宽）×23厘米（深）×34厘米（高）

miniCafe

这是一间小女孩的梦幻点心屋，八岁的外甥女还没脱离玩过家家的年纪，她搜集了一些可爱的迷你小点心及餐具。我试着以前面提到的基本平台架构的观念和她讨论，由她自己规划空间布局，最后和她一起完成这间可爱的点心屋。

图6-1

图6-2

图6-3

KEY POINT 1

格局简单分为三区，厨房、柜板陈列区及用餐区。一开始其实只想到厨房及用餐区（图6-1，图6-2，图6-3），但快完成时发现柜板及餐桌无法同时容纳在一区，于是立即加盖延伸一个“户外的花台”做用餐区（图7），后来又发现厨房不够大，马上又加了一个木板平台（图8）。这就是运用基本平台架构的优点，随时可以延伸及添加，乐趣无穷。

图7 户外花台用餐区。

图8 增加木板平台，加大厨房空间。

KEY POINT 2

运用一红一绿的地板色调，巧妙做出空间的区隔（图9）。

图9

图10

KEY POINT 3

以柱子取代墙面，适度留白，考虑到使用者玩耍布置的方便，也增添一些想象空间（图10）。

KEY POINT 4

利用烟囱卡榫连接两面墙，不必黏合固定，可随时拆装。楼梯和栏杆也是活动的，可随意组合（图11，图12）。

图11

图12

小熊商店

作品尺寸 / 42厘米（面宽）×28厘米（深）×28厘米（高）

隐身在大都市商圈中的熊熊小铺，
期待和你共读一段“电子情书”
的浪漫共鸣……

正视图

侧视图

俯视图

图13

从镂空的基本平台，筑起了具体的四个墙面，真正有屋子的感觉。开店是很多人的梦想，在现实生活中较难实现，但在迷你屋的世界里，这个梦想不难成真。此作品是以一间“出售泰迪熊商品”的商店为构想，空间虽小，却充满无限的想象（图13）。

KEY POINT 1

为了布置方便，橱窗的设计一定要考虑到手可以进出的大小。屋顶的梁柱，除了让采光良好，也很方便布置（图14，图15）。

图14

图15

KEY POINT 2

利用小小的卡榫设计，将招牌卡在梁柱上，有了这种活动式的招牌设计，想开什么店都可以随心所欲，随时更换不同的招牌（图16，图17）。

图16

图17

和风小筑

儿时的生活经验，如今已不复见，
偶然在乡间的一次惊艳，
哪能再等待，让消逝的记忆流失。

作品尺寸 / 44厘米（面宽）×30厘米（深）×39厘米（高）

巧妙地运用一些组合套件，一栋屋子可以展现多款不同的风貌，不仅具有观赏功能，亦可享受组合拼装的乐趣。一样是由基本平台开始，设定的是日式风格：活动的榻榻米和矮柜，可拆卸替换的墙壁和长条回廊，随心情可变换的庭园小景……谁说大人没有童心？一开始组装设计就很难停下来，而且还在继续添加中……

KEY POINT 1

HOW TO D

镂空的屋顶梁柱，提供良好的采光与观赏视野（图18）。

图 18

图19　屋外的长廊为活动的，可以随时移开。

图20

KEY POINT 2

这种设计概念，要把握一个原则：所有套件的尺寸尽量规格化，在不需要更动主建筑物的情况下，可随时变换不同的风貌（图19~图27）。

图22

图21 移开长廊后，加上窗台墙面，
就立刻变换成封闭的起居室。

图23 户外庭园空间虽小，但只要动点巧思，仍有不同的风貌。

图24 利用两面短墙，
做出枯木竹篱的
角落造景。

图25

图27 相同的尺寸，可设计成另一款流水景观。

图 26

艺廊

心中有一亩田，用来种什么？
种桃，种李，种春风；
桌上有一间屋，用来藏什么？
藏书，藏画，藏记忆。

作品尺寸/48厘米（面宽）×26厘米（深）×37厘米（高）

▲ 从一楼往二楼的旋转楼梯。

◀ 一楼室外阶梯摆个人物，制造空间的流畅动线。

▼ 镂空的挑高设计。

▼ 一楼的室内景观。

▲ 二楼的阁楼工作室。

看似两层楼的设计，制作之初只有一楼的规划，也是采用基本的地板、墙面和天花板梁柱做构型。二楼部分是后来加盖上去的，一半空间当做阁楼工作室，另一半镂空做挑高设计。

KEY POINT 1

若不以墙做区隔，亦可利用两个阶梯的落差，制造一高一低的两个空间（图28-1，图28-2）。

图28-1

图28-2

图30

KEY POINT 2

二楼加盖必须考虑到一楼的采光，以及一二楼间的连接关系（图29）。因为是临时起意想要加盖二楼，事先并没有预留楼梯的位置，最后只好选择向外延伸，并以旋转梯来将就空间（图30）。

图29

Special
Doll House

PART 6

工具与材料

材料决定工具，
当我们选用密度板作为素材时，
就会用到许多木工工具。
本篇所介绍的工具，
尽可能以手动工具为主，
电动工具的使用因有安全、
场地等问题，
虽有其便利性，
建议还是在熟手的引导下使用。

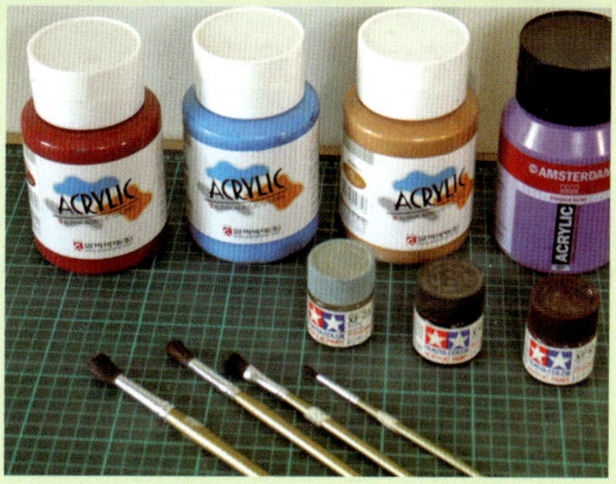

材料

图1

主要素材以密度板为主，密度板是一种用木屑合成的加工板，板面很大，可以裁成大片的素材，且表面光滑平整，不必再做打磨的工作，采购容易，在DIY大型卖场可购得。一般选用4.5毫米厚的和9毫米厚的两种规格；4.5毫米厚的适合做家具和地板等，9毫米厚的则作为主体的结构（图1）。

图2

另一种材料是飞机木，它的质地很轻，可用锯子或美工刀裁切，但却较容易断裂，且没办法做成大片的结构主体，较适合用来做家具等配件。目前有些材料行或工艺社，也销售材质较好的南洋桧木等木板，用来制作家具极为适合。

另外还有各种尺寸的木条、圆木棒、线板等（图2），大多可以在美术工艺品店或超市购得。

裁切工具

图3

A. 手动式

木板的裁切主要是锯子，锯子分为木工用和金工用两种。木工用的锯子锯齿较大，依功能可分为许多不同的形式和大小。另外可搭配角度切割架等辅助工具，用来裁切小片的木板或木条（图3）。

图4

B. 电动式

常用的电动裁切工具有两种，手持式线锯机的用途最广，可用来裁切直线和曲线，或是挖空窗户，使用方便且安全性高，不需复杂的保养，价格也适合入门者需求。另一种是手持式圆盘锯，用来切割直线快速平直，但噪音和污染较大（图4）。

打磨工具

图5

图6

木制品的制作除了裁切，最重要的是打磨，锉刀和砂纸是最主要的打磨工具，其中又以砂纸运用最广，一般是以砂纸的颗粒大小来定型号，例如60号、80号到120号、400号以上等。木工常用的以60号或80号的砂纸做粗磨，以200号或400号的做细磨。使用时，建议先用双面胶带将砂纸粘贴在各种不同尺寸的木条上（木条可各取厚、薄、圆或半圆多种形式），这样便能自制成不同形状用途的打磨工具。若直接用手持砂纸打磨，只能做出表面滑润的效果，主要因为手是软的，使用的力度也不一样，因此将砂纸贴在硬木条上，才能打磨出平整的物件，使用时也较好掌握（图5，图6）。

钻孔工具

图7

电钻是常用的钻孔工具，但因其转速较快，在制作小模型时，常造成木料断裂。模型常用的钻头直径较细，可选用手持式的手摇钻或手钻，力度较容易控制（图7）。

热熔胶枪

图8

热熔胶枪因电热产生高温，将热熔胶条熔化成稠液，等胶条冷却后则形成固态的胶着物，因此能将两种不同材质的物件结合在一起，在娃娃屋的制作上运用极广，尤其在水塘景的制作上，提供了许多不同的手段（图8）。

黏合工具

木工用的白胶与我们在文具店买的树脂白胶，在黏稠度上是有差别的，一般用的白胶凝结的速度慢，且黏合后强度不够。所以，在制作娃娃屋时一定要选用木工专用的白胶，可在木板材料行或B&Q卖场中买到。此外，补土（或称披土）也是必备的材料，补土也有很多种类，一般的水性白色披土即可。由于白胶和补土都很容易干掉，因此大罐买来后，建议分装在密封的小瓶内较易保存（图9，图10）。

图9

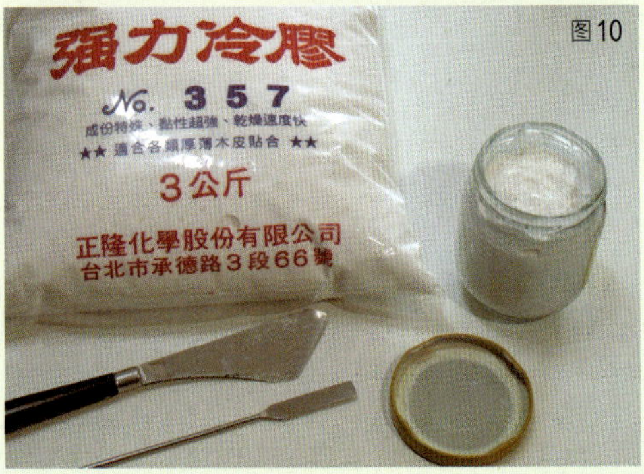

图10

涂装材料

涂装材料即我们一般用来上色的颜料，包括水彩、压克力颜料、乳胶漆、油漆等，种类繁多。通常我们将颜料分为油性和水性两类，油性如透明漆、油漆、调和漆等，必须添加溶剂（如香蕉水、松香水等）使用。一般用在家具类的表面涂装，例如将透明漆加入各种色料（咖啡色、红柚色、柚木色等），可做成不同质料家具的感觉。水性颜料运用较多，主要是使用方便且易清理，如水彩、压克力颜料、乳胶漆等。在此建议使用压克力颜料，主要是它具有易干的特性，且涂在木头上，色彩的饱和度极佳，有别于水彩和广告颜料。此外，还有一种塑胶模型常用的“模型漆”，使用方便，打开瓶盖稍做搅拌即可使用（图11，图12，图13）。

图11　压克力颜料

图12　水性木工漆

图13

PART 7

协助与支援

通过本书的介绍，
希望能提供给同好们一些信息。
以我个人的经验，
设计与组装并不难，
较不易的是素材的切割，
这需要较熟练的技术和辅助工具。

对于袖珍娃娃屋的同好来说，许多单件的作品如家具、装饰物等的收藏，都很容易通过各种途径取得（单品可参考P.76）。而那些较大型的娃娃屋，或是展示平台等，则往往因为价格过高或形式不合而普及率不高。另一个问题是，将这种高度艺术性的作品转化为套件式的商品，不一定是爱好者所追求的。商品化的成屋有其商业化的缺陷，而个人的创作则有制作技术的瓶颈，如材料的取得、物料的切割等技术上的问题。

通过本书的介绍，希望能提供同好们一些信息。根据我个人的经验，设计与组装并不难，较不易的是素材的切割，这需要较熟练的技术和辅助工具。

SPECIAL MINICHAIR

家具欣赏与参考

★ 以下作品由 cocobox 、minichair 与 minihouse 提供，尺寸标示：面宽×深×高（厘米）

桌子：5×4×4.5
椅子：6.5×7.5×12

椅子：6.5×6×10.5

长餐桌：15×8×7

木床：13×17×13.5

木床：12.5×18×12

椅子：4.5×4.5×9.5

椅子：5×4.5×10

透明柜：9×4×12.5

书桌：8×4×4.5

壁橱：13×4.5×17

绒毛椅：4.5×4.5×7

柜子：11.5×5.5×17

沙发：15×7×10.5

长花器：6×3×3.5

铁床：8×16.5×11

五斗柜：6.5×4.5×9

梳妆台：8×4×12

椅子：4.5×4×8.5

小茶几：5×4×4.5

矮柜：5×4×7

立钟：4×2×19

图书在版编目（CIP）数据

DIY袖珍木工屋 / 陈正樑著.—郑州：河南科学技术出版社，2010.9（2025.10重印）

ISBN 978-7-5349-4636-3

Ⅰ.①D…　Ⅱ.①陈…　Ⅲ.①手工艺品–制作　Ⅳ.①TS973.5

中国版本图书馆CIP数据核字（2010）第139463号

出版发行：河南科学技术出版社

地址：郑州市郑东新区祥盛街27号　邮编：450016

电话：(0371) 65737028　65788613

网址：www.hnstp.cn

策划编辑：刘　欣

责任编辑：刘　欣

责任校对：耿宝文

封面设计：张　伟

责任印制：张艳芳

印　　刷：洛阳和众印刷有限公司

经　　销：全国新华书店

开　　本：787 mm × 1092 mm　1/16　印张：5　字数：100 千字

版　　次：2010 年 9 月第 1 版　2025 年 10 月第 6 次印刷

定　　价：39.80 元

河南科学技术出版社
精品图书推荐

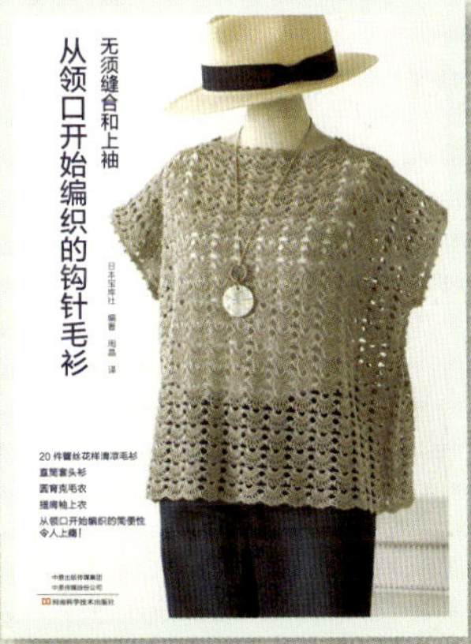

河南科学技术出版社
精品图书推荐

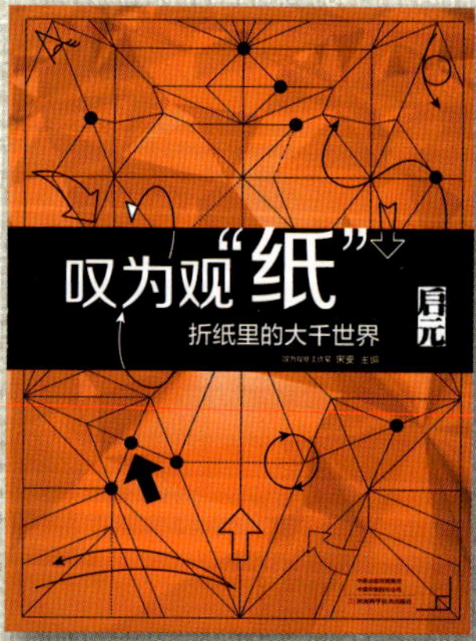